This book belongs to:

37 − 8 =

24 − 12 =

68 − 29 =

95 − 30 =

46 − 36 =

NAME: . . . .

Age: . . . .

score......
/18

Time: . . . .

 **+** = ...

```
    2          4          5          1          4          7
  + 7        + 6        + 3        + 6        + 2        + 6
  ———        ———        ———        ———        ———        ———



    7          1          8          2          9          4
  + 4        + 3        + 4        + 9        + 0        + 4
  ———        ———        ———        ———        ———        ———



    6          5          2          0          1          5
  + 3        + 6        + 8        + 6        + 7        + 7
  ———        ———        ———        ———        ———        ———
```

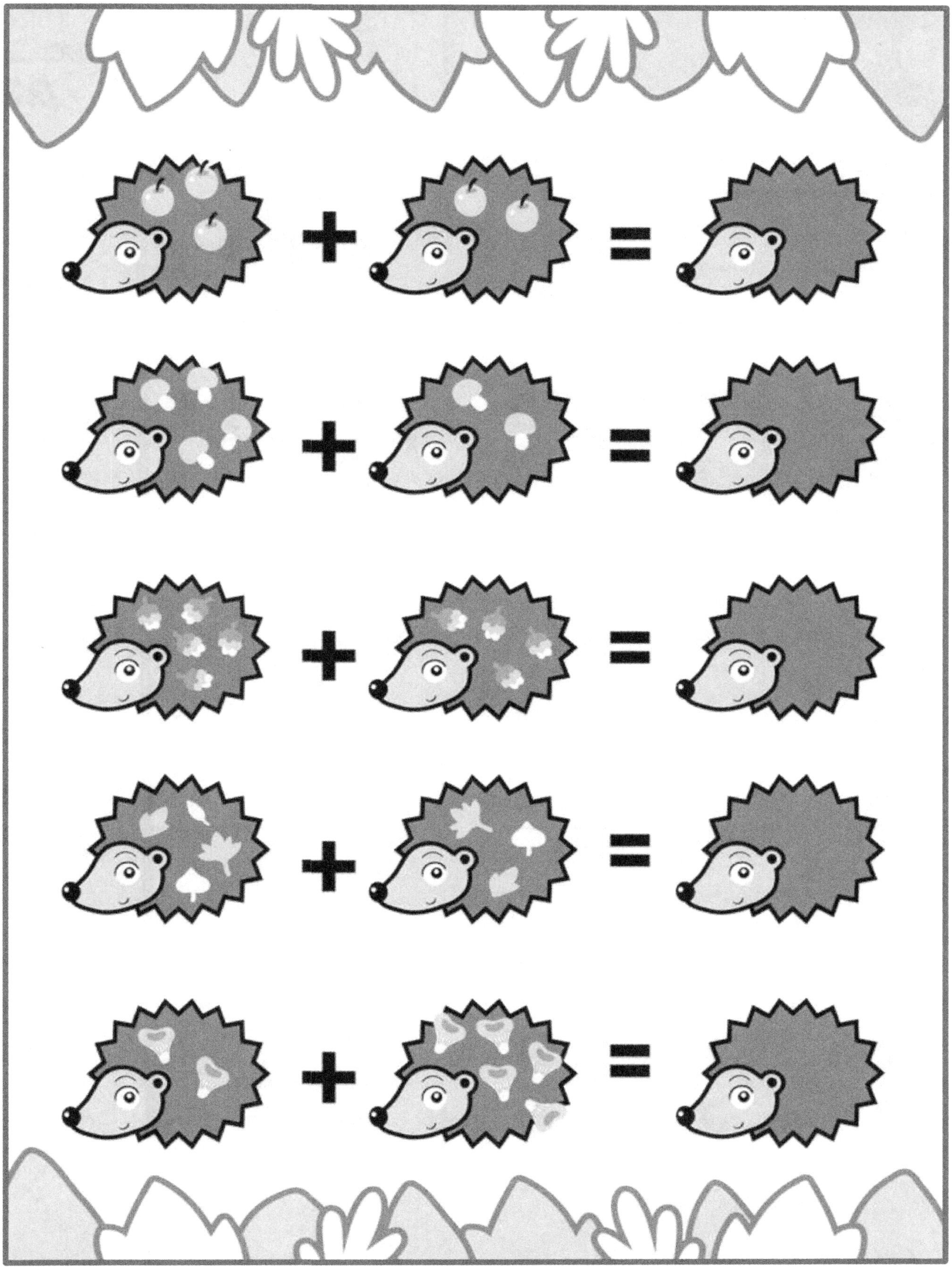

NAME: . . . .

Age: . . . .

score......
/18

Time: . . . .

🍓 + 🍓 = ...

+ 4 0	+ 6 2	+ 9 4	+ 7 3	+ 2 3	+ 3 3

+ 6 8	+ 4 9	+ 3 5	+ 7 0	+ 1 1	+ 2 6

2 + 4	6 + 7	9 + 9	1 + 8	4 + 3	4 + 1

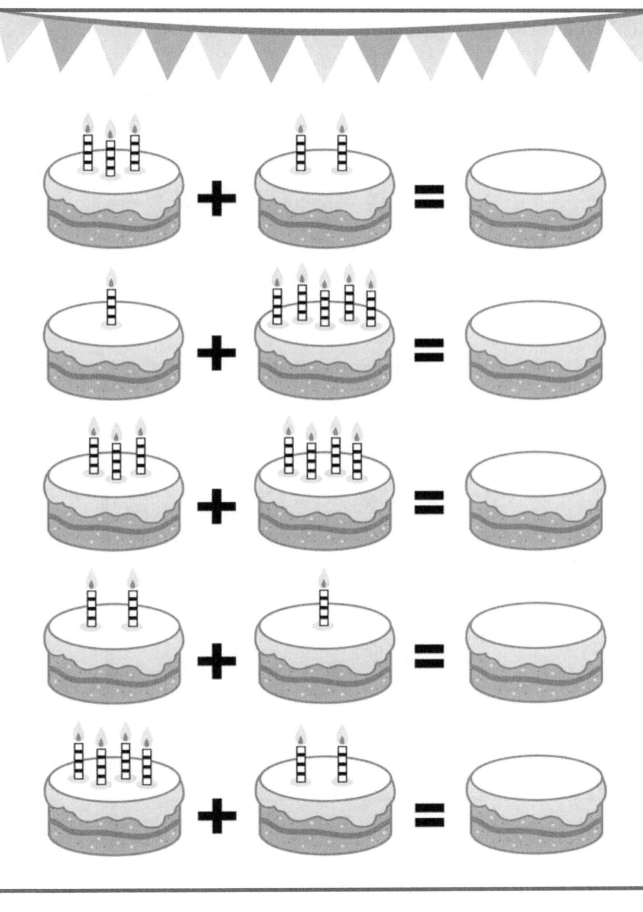

NAME: . . . .

Age: . . . .

Time: . . . .

 + = ...

+ 4 6	+ 8 7	+ 1 1	+ 7 2	+ 5 5	+ 9 1

+ 6 0	+ 2 3	+ 3 8	+ 7 7	+ 2 4	+ 7 1

+ 5 6	+ 1 6	+ 9 3	+ 4 1	+ 7 5	+ 9 8

NAME: . . . .

Age: . . . .

Time: . . . .

🍓 + 🍓 = ...

$$\begin{array}{r} 1 \\ + 5 \\ \hline \end{array}$$

$$\begin{array}{r} 2 \\ + 3 \\ \hline \end{array}$$

$$\begin{array}{r} 8 \\ + 2 \\ \hline \end{array}$$

$$\begin{array}{r} 6 \\ + 3 \\ \hline \end{array}$$

$$\begin{array}{r} 2 \\ + 2 \\ \hline \end{array}$$

$$\begin{array}{r} 7 \\ + 4 \\ \hline \end{array}$$

$$\begin{array}{r} 6 \\ + 7 \\ \hline \end{array}$$

$$\begin{array}{r} 0 \\ + 8 \\ \hline \end{array}$$

$$\begin{array}{r} 6 \\ + 6 \\ \hline \end{array}$$

$$\begin{array}{r} 4 \\ + 5 \\ \hline \end{array}$$

$$\begin{array}{r} 3 \\ + 5 \\ \hline \end{array}$$

$$\begin{array}{r} 7 \\ + 7 \\ \hline \end{array}$$

$$\begin{array}{r} 3 \\ + 2 \\ \hline \end{array}$$

$$\begin{array}{r} 9 \\ + 4 \\ \hline \end{array}$$

$$\begin{array}{r} 5 \\ + 0 \\ \hline \end{array}$$

$$\begin{array}{r} 8 \\ + 2 \\ \hline \end{array}$$

$$\begin{array}{r} 8 \\ + 1 \\ \hline \end{array}$$

$$\begin{array}{r} 3 \\ + 6 \\ \hline \end{array}$$

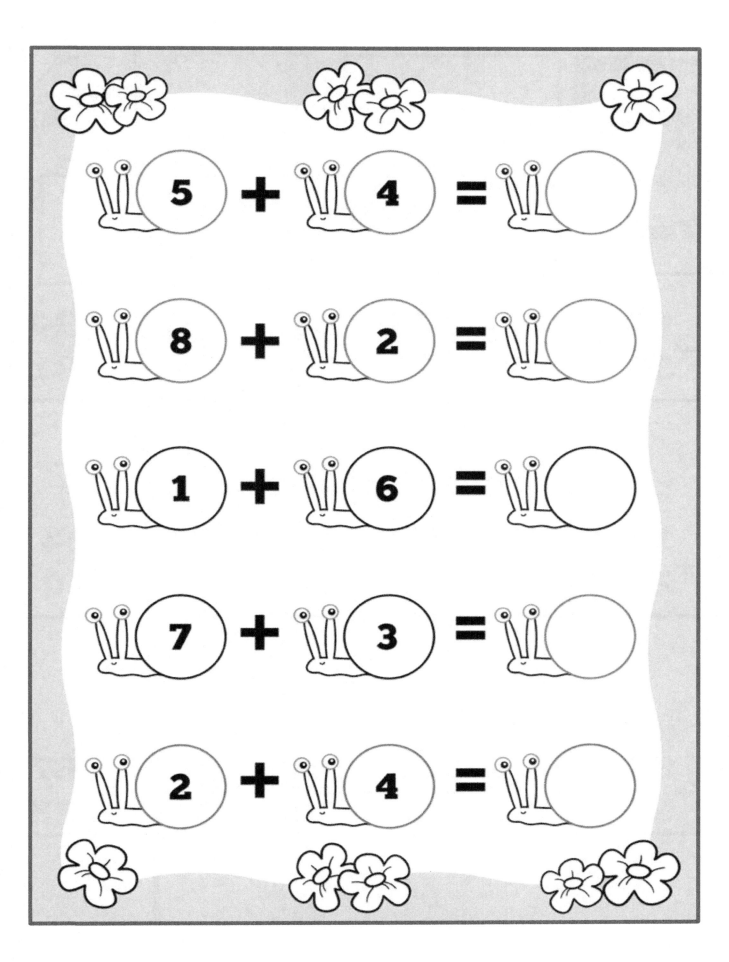

NAME: . . . .

Age: . . . .

Time: . . . .

🍓 + 🍓 = ...

$$\begin{array}{r} 15 \\ +35 \\ \hline \end{array} \quad \begin{array}{r} 47 \\ +13 \\ \hline \end{array} \quad \begin{array}{r} 23 \\ +47 \\ \hline \end{array} \quad \begin{array}{r} 58 \\ +20 \\ \hline \end{array} \quad \begin{array}{r} 19 \\ +44 \\ \hline \end{array} \quad \begin{array}{r} 24 \\ +91 \\ \hline \end{array}$$

$$\begin{array}{r} 11 \\ +22 \\ \hline \end{array} \quad \begin{array}{r} 57 \\ +24 \\ \hline \end{array} \quad \begin{array}{r} 59 \\ +02 \\ \hline \end{array} \quad \begin{array}{r} 41 \\ +28 \\ \hline \end{array} \quad \begin{array}{r} 61 \\ +75 \\ \hline \end{array} \quad \begin{array}{r} 54 \\ +10 \\ \hline \end{array}$$

$$\begin{array}{r} 64 \\ +52 \\ \hline \end{array} \quad \begin{array}{r} 02 \\ +17 \\ \hline \end{array} \quad \begin{array}{r} 43 \\ +20 \\ \hline \end{array} \quad \begin{array}{r} 71 \\ +36 \\ \hline \end{array} \quad \begin{array}{r} 94 \\ +54 \\ \hline \end{array} \quad \begin{array}{r} 67 \\ +25 \\ \hline \end{array}$$

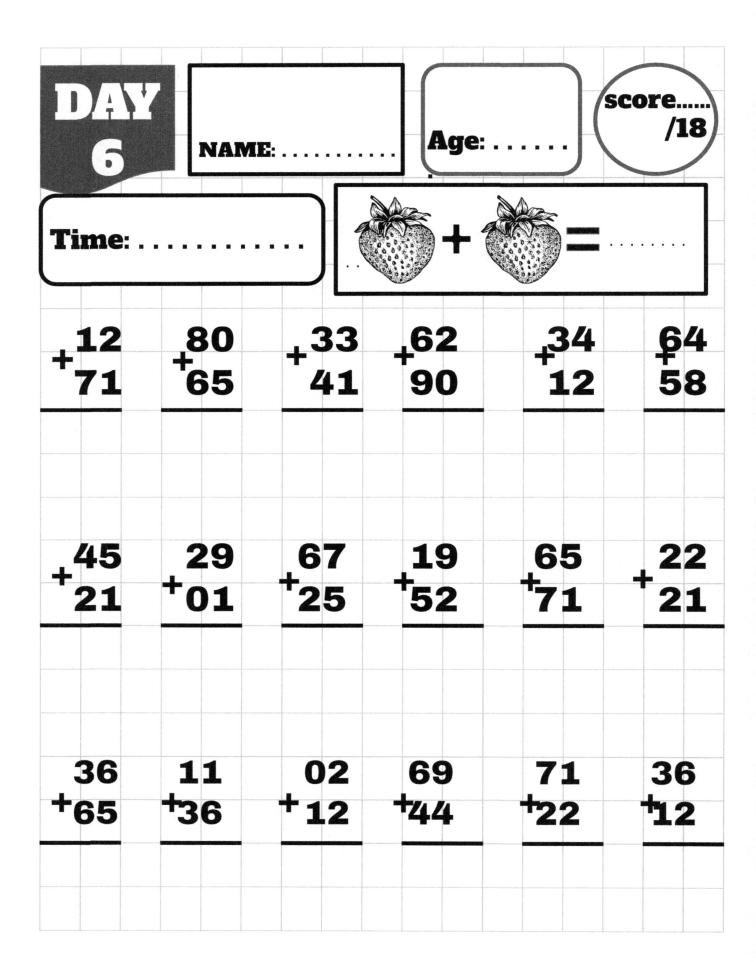

DAY 6

NAME: . . . .

Age: . . . .

score...... /18

Time: . . . .

🍓 + 🍓 = ...

$$\begin{array}{r} 12 \\ + 71 \\ \hline \end{array}$$

$$\begin{array}{r} 80 \\ + 65 \\ \hline \end{array}$$

$$\begin{array}{r} 33 \\ + 41 \\ \hline \end{array}$$

$$\begin{array}{r} 62 \\ + 90 \\ \hline \end{array}$$

$$\begin{array}{r} 34 \\ + 12 \\ \hline \end{array}$$

$$\begin{array}{r} 64 \\ + 58 \\ \hline \end{array}$$

$$\begin{array}{r} 45 \\ + 21 \\ \hline \end{array}$$

$$\begin{array}{r} 29 \\ + 01 \\ \hline \end{array}$$

$$\begin{array}{r} 67 \\ + 25 \\ \hline \end{array}$$

$$\begin{array}{r} 19 \\ + 52 \\ \hline \end{array}$$

$$\begin{array}{r} 65 \\ + 71 \\ \hline \end{array}$$

$$\begin{array}{r} 22 \\ + 21 \\ \hline \end{array}$$

$$\begin{array}{r} 36 \\ + 65 \\ \hline \end{array}$$

$$\begin{array}{r} 11 \\ + 36 \\ \hline \end{array}$$

$$\begin{array}{r} 02 \\ + 12 \\ \hline \end{array}$$

$$\begin{array}{r} 69 \\ + 44 \\ \hline \end{array}$$

$$\begin{array}{r} 71 \\ + 22 \\ \hline \end{array}$$

$$\begin{array}{r} 36 \\ + 12 \\ \hline \end{array}$$

NAME: . . . .

Age: . . . .

score......
/18

Time: . . . .

🍓 + 🍓 = ...

$$\begin{array}{r} 84 \\ +\ 38 \\ \hline \end{array}$$

$$\begin{array}{r} 93 \\ +\ 19 \\ \hline \end{array}$$

$$\begin{array}{r} 85 \\ +\ 39 \\ \hline \end{array}$$

$$\begin{array}{r} 09 \\ +\ 36 \\ \hline \end{array}$$

$$\begin{array}{r} 85 \\ +\ 25 \\ \hline \end{array}$$

$$\begin{array}{r} 69 \\ +\ 01 \\ \hline \end{array}$$

$$\begin{array}{r} 25 \\ +\ 22 \\ \hline \end{array}$$

$$\begin{array}{r} 35 \\ +\ 21 \\ \hline \end{array}$$

$$\begin{array}{r} 88 \\ +\ 17 \\ \hline \end{array}$$

$$\begin{array}{r} 83 \\ +\ 69 \\ \hline \end{array}$$

$$\begin{array}{r} 64 \\ +\ 09 \\ \hline \end{array}$$

$$\begin{array}{r} 96 \\ +\ 01 \\ \hline \end{array}$$

$$\begin{array}{r} 24 \\ +\ 35 \\ \hline \end{array}$$

$$\begin{array}{r} 19 \\ +\ 20 \\ \hline \end{array}$$

$$\begin{array}{r} 30 \\ +\ 45 \\ \hline \end{array}$$

$$\begin{array}{r} 58 \\ +\ 61 \\ \hline \end{array}$$

$$\begin{array}{r} 93 \\ +\ 12 \\ \hline \end{array}$$

$$\begin{array}{r} 33 \\ +\ 58 \\ \hline \end{array}$$

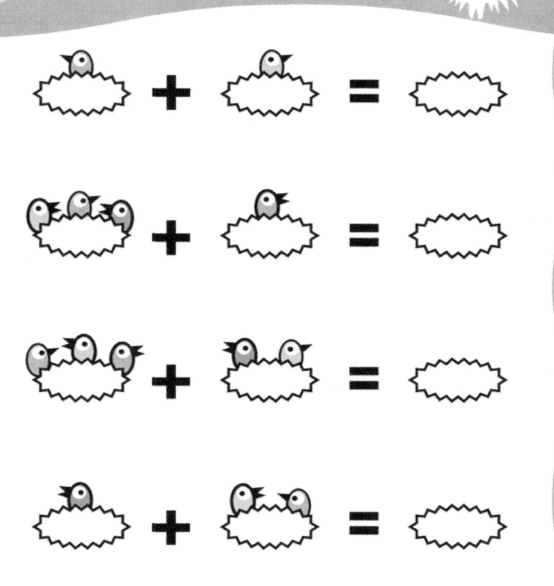

NAME: . . . .

Age: . . . .

Time: . . . .

🍓 + 🍓 = ...

36 +30	21 +11	54 +33	25 +20	66 +11	11 +12

14 +22	62 +11	55 +23	44 +65	85 +52	73 +39

54 +10	54 +21	65 +33	96 +55	98 +02	21 +92

NAME: . . . .

Age: . . . .

Time: . . . .

🍓 + 🍓 = ...

$$23 + 44$$ $$66 + 23$$ $$25 + 98$$ $$87 + 96$$ $$21 + 36$$ $$21 + 32$$

$$54 + 55$$ $$30 + 31$$ $$54 + 25$$ $$87 + 65$$ $$41 + 65$$ $$54 + 21$$

$$54 + 14$$ $$20 + 32$$ $$41 + 31$$ $$65 + 63$$ $$14 + 14$$ $$63 + 21$$

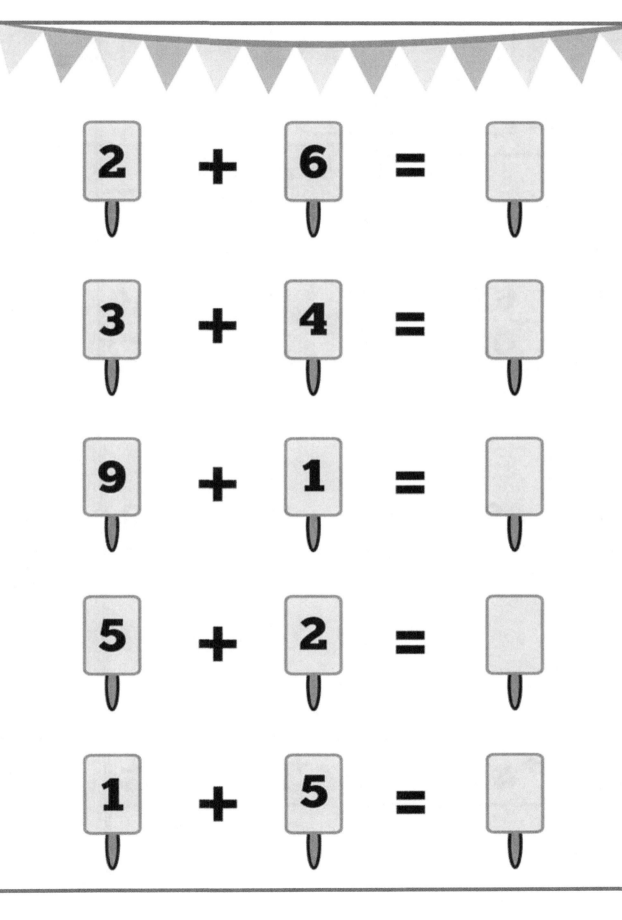

2 + 6 =

3 + 4 =

9 + 1 =

5 + 2 =

1 + 5 =

NAME: . . . .

Age: . . . .

score......
/18

Time: . . . .

🍓 + 🍓 = ...

$$\begin{array}{r} 30 \\ + 19 \\ \hline \end{array}$$
$$\begin{array}{r} 63 \\ + 02 \\ \hline \end{array}$$
$$\begin{array}{r} 42 \\ + 22 \\ \hline \end{array}$$
$$\begin{array}{r} 87 \\ + 22 \\ \hline \end{array}$$
$$\begin{array}{r} 14 \\ + 98 \\ \hline \end{array}$$
$$\begin{array}{r} 11 \\ + 36 \\ \hline \end{array}$$

$$\begin{array}{r} 45 \\ + 82 \\ \hline \end{array}$$
$$\begin{array}{r} 68 \\ + 25 \\ \hline \end{array}$$
$$\begin{array}{r} 87 \\ + 41 \\ \hline \end{array}$$
$$\begin{array}{r} 64 \\ + 38 \\ \hline \end{array}$$
$$\begin{array}{r} 33 \\ + 52 \\ \hline \end{array}$$
$$\begin{array}{r} 54 \\ + 21 \\ \hline \end{array}$$

$$\begin{array}{r} 44 \\ + 35 \\ \hline \end{array}$$
$$\begin{array}{r} 24 \\ + 41 \\ \hline \end{array}$$
$$\begin{array}{r} 65 \\ + 10 \\ \hline \end{array}$$
$$\begin{array}{r} 63 \\ + 21 \\ \hline \end{array}$$
$$\begin{array}{r} 36 \\ + 35 \\ \hline \end{array}$$
$$\begin{array}{r} 63 \\ + 31 \\ \hline \end{array}$$

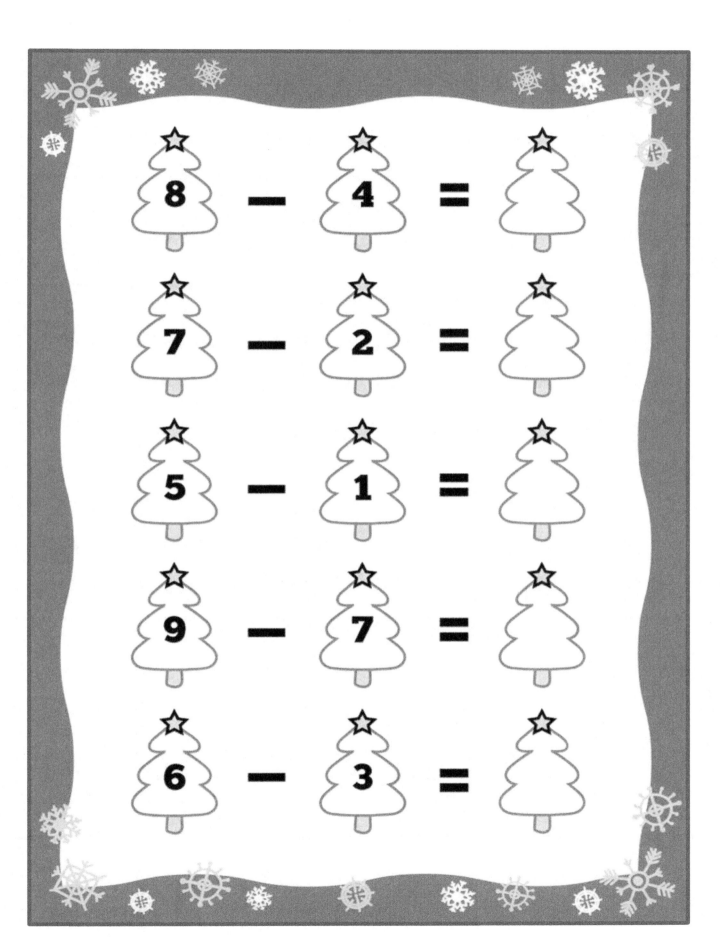

8 − 4 =

7 − 2 =

5 − 1 =

9 − 7 =

6 − 3 =

NAME: . . . .

Age: . . . .

score......
/18

Time: . . . .

🍓 + 🍓 = ...

$+\dfrac{55}{38}$ $+\dfrac{46}{20}$ $+\dfrac{96}{82}$ $+\dfrac{57}{37}$ $+\dfrac{74}{61}$ $+\dfrac{11}{62}$

$+\dfrac{17}{35}$ $+\dfrac{56}{22}$ $+\dfrac{31}{32}$ $+\dfrac{66}{14}$ $+\dfrac{64}{11}$ $+\dfrac{52}{33}$

$+\dfrac{13}{36}$ $+\dfrac{87}{96}$ $+\dfrac{42}{22}$ $+\dfrac{27}{31}$ $+\dfrac{50}{31}$ $+\dfrac{47}{30}$

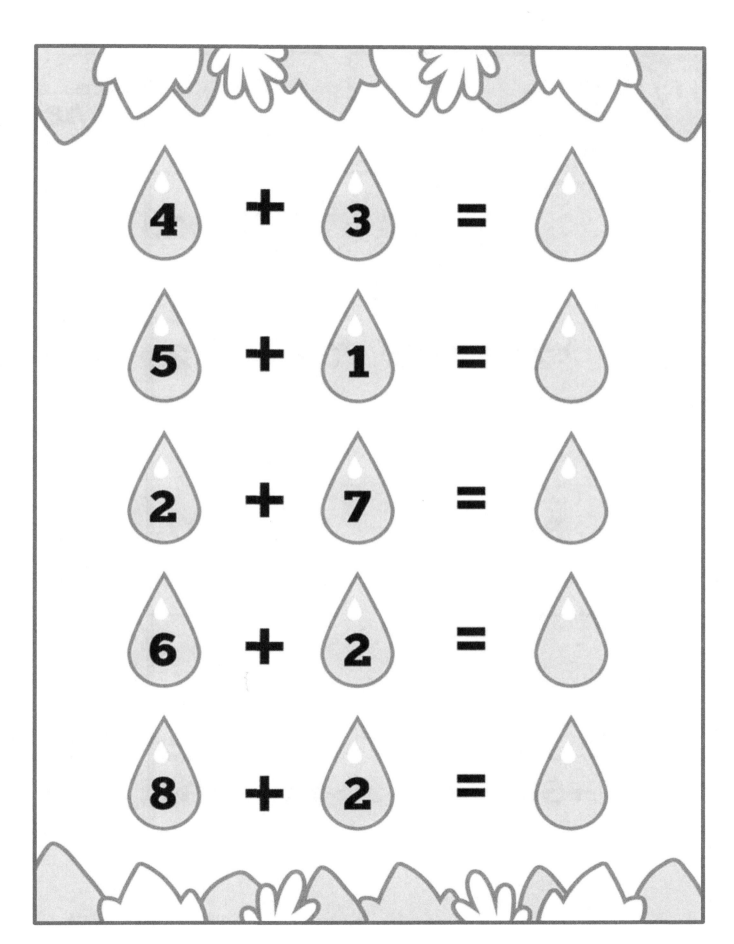

4 + 3 =

5 + 1 =

2 + 7 =

6 + 2 =

8 + 2 =

NAME: . . . .

Age: . . . .

score......
/18

Time: . . . .

🍓 + 🍓 = ...

09 +35	28 +24	23 +93	41 +02	21 +23	98 +35

54 +25	38 +24	41 +01	25 + 53	74 + 19	25 +36

14 +65	30 +50	15 +98	74 + 21	22 + 51	60 +33

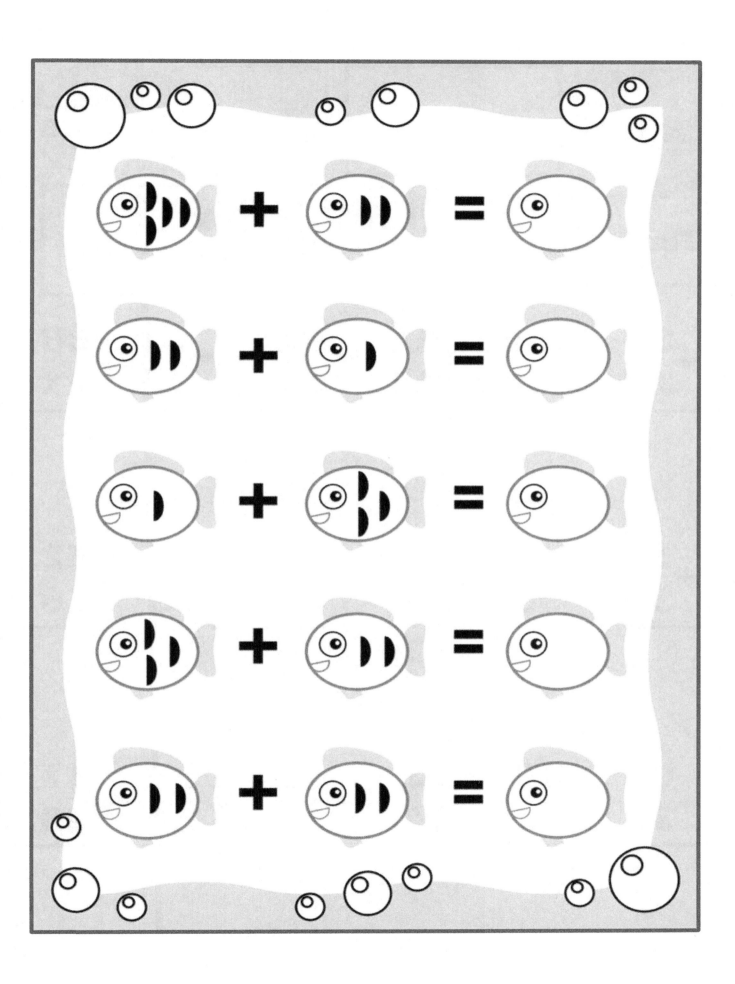

NAME: . . . .

Age: . . . .

Time: . . . .

🍓 + 🍓 = ...

$$+\begin{array}{r}31\\22\end{array}$$ $$+\begin{array}{r}54\\14\end{array}$$ $$+\begin{array}{r}64\\13\end{array}$$ $$+\begin{array}{r}91\\25\end{array}$$ $$+\begin{array}{r}33\\90\end{array}$$ $$+\begin{array}{r}66\\21\end{array}$$

$$+\begin{array}{r}12\\38\end{array}$$ $$+\begin{array}{r}28\\90\end{array}$$ $$+\begin{array}{r}74\\01\end{array}$$ $$+\begin{array}{r}36\\52\end{array}$$ $$+\begin{array}{r}77\\65\end{array}$$ $$+\begin{array}{r}52\\16\end{array}$$

$$+\begin{array}{r}02\\34\end{array}$$ $$+\begin{array}{r}39\\41\end{array}$$ $$+\begin{array}{r}31\\94\end{array}$$ $$+\begin{array}{r}47\\56\end{array}$$ $$+\begin{array}{r}87\\22\end{array}$$ $$+\begin{array}{r}17\\20\end{array}$$

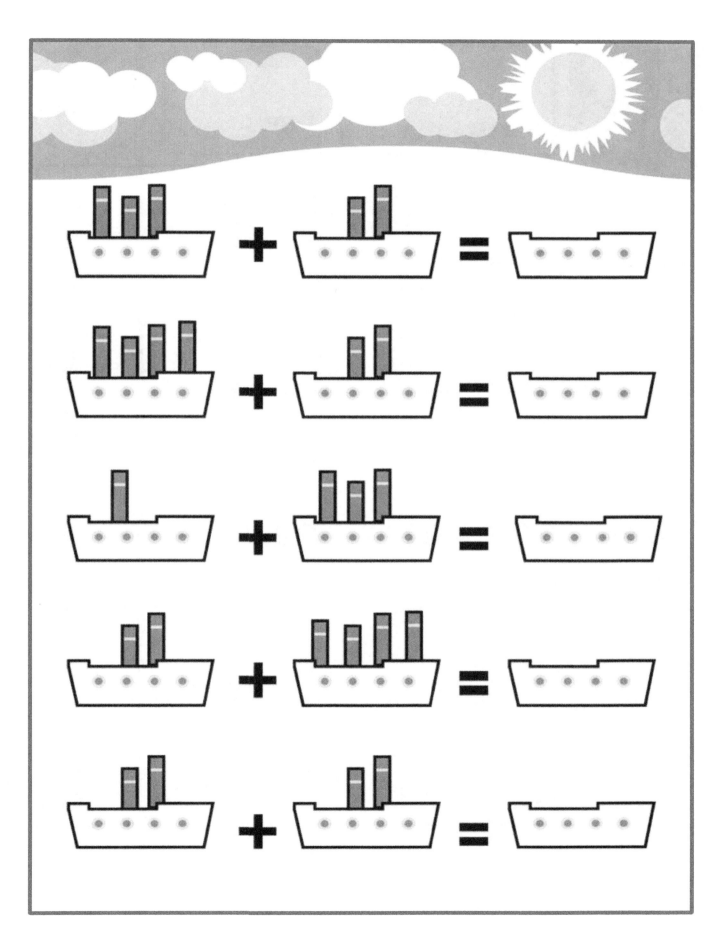

DAY 14

NAME: . . . .

Age: . . . .

Time: . . . .

🍓 + 🍓 = ...

$+\begin{array}{r}18\\31\end{array}$	$+\begin{array}{r}32\\14\end{array}$	$+\begin{array}{r}10\\68\end{array}$	$+\begin{array}{r}52\\19\end{array}$	$+\begin{array}{r}24\\98\end{array}$	$+\begin{array}{r}58\\17\end{array}$
$+\begin{array}{r}85\\54\end{array}$	$\begin{array}{r}14\\+36\end{array}$	$\begin{array}{r}47\\+21\end{array}$	$\begin{array}{r}22\\+41\end{array}$	$\begin{array}{r}91\\+33\end{array}$	$\begin{array}{r}41\\+03\end{array}$
$\begin{array}{r}11\\+38\end{array}$	$\begin{array}{r}52\\+41\end{array}$	$\begin{array}{r}65\\+24\end{array}$	$\begin{array}{r}17\\+02\end{array}$	$\begin{array}{r}85\\+34\end{array}$	$\begin{array}{r}18\\+08\end{array}$

NAME: . . . .

Age: . . . .

Time: . . . .

🍓 + 🍓 = ...

$$+\begin{array}{r} 66 \\ 74 \end{array}$$

$$+\begin{array}{r} 32 \\ 15 \end{array}$$

$$+\begin{array}{r} 92 \\ 35 \end{array}$$

$$+\begin{array}{r} 42 \\ 65 \end{array}$$

$$+\begin{array}{r} 46 \\ 98 \end{array}$$

$$+\begin{array}{r} 21 \\ 01 \end{array}$$

$$+\begin{array}{r} 28 \\ 38 \end{array}$$

$$+\begin{array}{r} 64 \\ 24 \end{array}$$

$$+\begin{array}{r} 85 \\ 24 \end{array}$$

$$+\begin{array}{r} 36 \\ 24 \end{array}$$

$$+\begin{array}{r} 24 \\ 39 \end{array}$$

$$+\begin{array}{r} 34 \\ 69 \end{array}$$

$$+\begin{array}{r} 16 \\ 36 \end{array}$$

$$+\begin{array}{r} 85 \\ 31 \end{array}$$

$$+\begin{array}{r} 96 \\ 45 \end{array}$$

$$+\begin{array}{r} 71 \\ 93 \end{array}$$

$$+\begin{array}{r} 58 \\ 22 \end{array}$$

$$+\begin{array}{r} 38 \\ 31 \end{array}$$

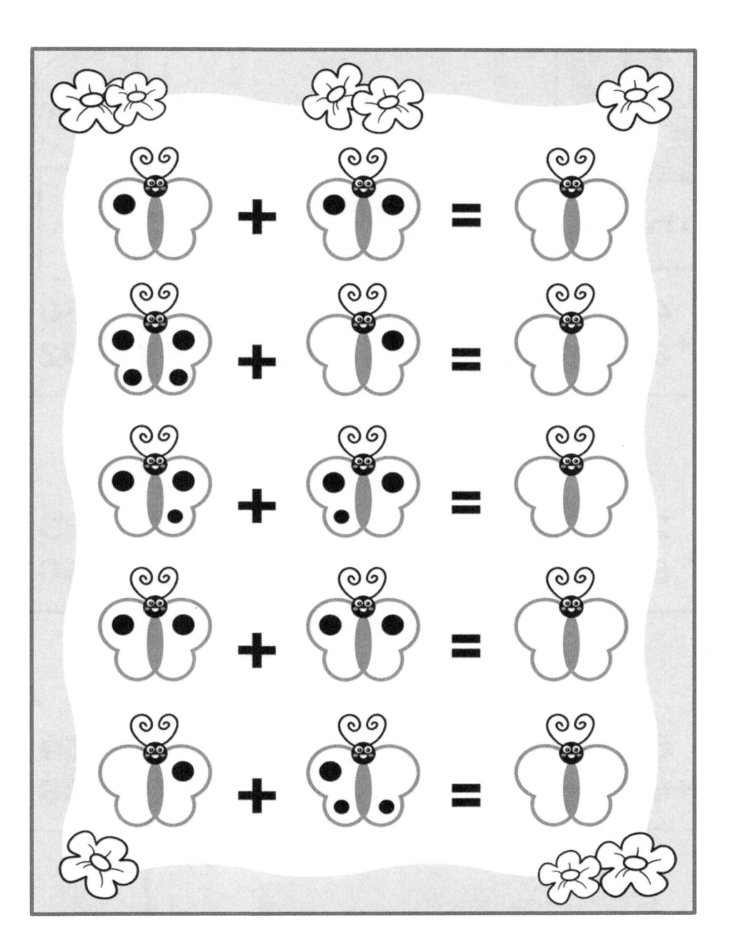

NAME: . . . .

Age: . . . .

score...... /18

Time: . . . .

🍓 + 🍓 = ...

46 +61	10 +35	54 +34	63 +25	65 +16	30 +02
25 +95	36 +20	85 +32	25 +14	56 +19	63 +50
88 +63	14 +39	42 +61	65 +96	36 +54	54 +38

NAME: . . . .

Age: . . . .

Time: . . . .

🍓 + 🍓 = ...

+90 53	+39 23	+60 20	+37 52	+51 60	+31 43

+39 35 33	64 +50	70 + 53	63 + 94	56 + 83	81 +

+53 25	+40 74	+61 38	+55 42	+75 36	+63 20

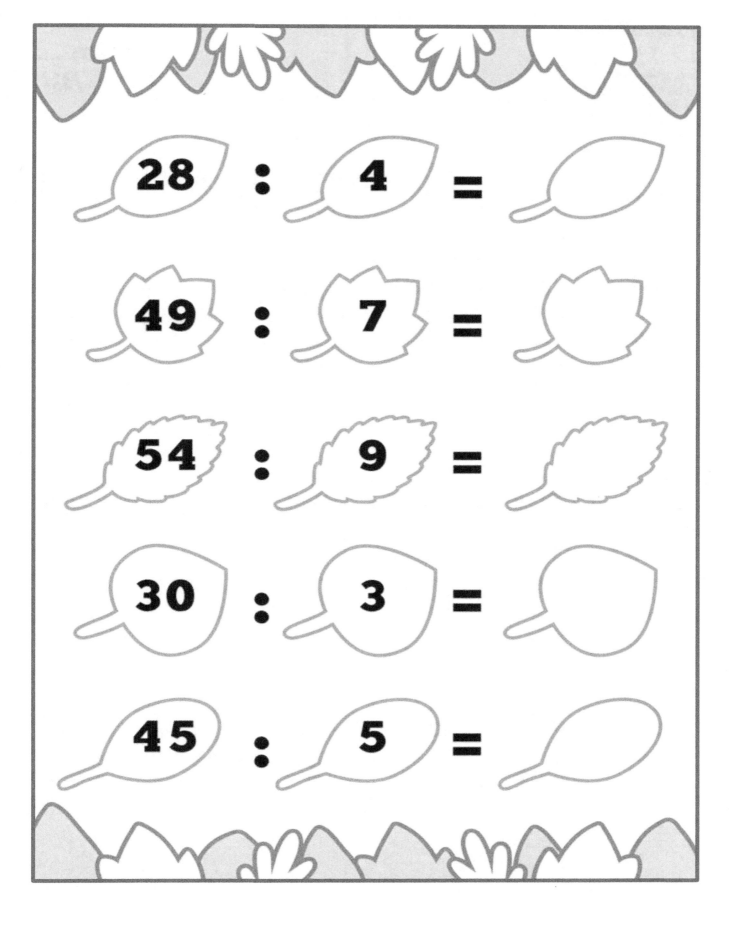

28 : 4 =

49 : 7 =

54 : 9 =

30 : 3 =

45 : 5 =

NAME: . . . .

Age: . . . .

score......
/18

Time: . . . .

🍓 + 🍓 = ...

$$+\frac{35}{88}$$ $$+\frac{02}{10}$$ $$+\frac{50}{92}$$ $$+\frac{31}{63}$$ $$+\frac{25}{40}$$ $$+\frac{97}{20}$$

$$+\frac{25}{84}$$ $$+\frac{30}{05}$$ $$+\frac{85}{62}$$ $$+\frac{54}{11}$$ $$+\frac{96}{45}$$ $$+\frac{24}{36}$$

$$+\frac{31}{98}$$ $$+\frac{47}{14}$$ $$+\frac{55}{44}$$ $$+\frac{87}{19}$$ $$+\frac{54}{25}$$ $$+\frac{25}{97}$$

NAME: . . . .

Age: . . . .

Time: . . . .

🍓 + 🍓 = ...

+ 21 30	+ 32 11	+ 65 90	+ 38 63	+ 47 50	+ 28 33

+ 28 95	15 + 82	54 + 61	+ 68 14	24 + 20	64 + 65

82 + 01	30 + 41	24 + 51	64 + 93	54 + 21	39 + 12

NAME: . . . .

Age: . . . .

Time: . . . .

🍓 + 🍓 = ...

$$\begin{array}{r} 82 \\ +66 \\ \hline \end{array}$$
$$\begin{array}{r} 20 \\ +65 \\ \hline \end{array}$$
$$\begin{array}{r} 47 \\ +07 \\ \hline \end{array}$$
$$\begin{array}{r} 80 \\ +91 \\ \hline \end{array}$$
$$\begin{array}{r} 74 \\ +14 \\ \hline \end{array}$$
$$\begin{array}{r} 54 \\ +22 \\ \hline \end{array}$$

$$\begin{array}{r} 54 \\ +20 \\ \hline \end{array}$$
$$\begin{array}{r} 36 \\ +52 \\ \hline \end{array}$$
$$\begin{array}{r} 77 \\ +11 \\ \hline \end{array}$$
$$\begin{array}{r} 25 \\ +84 \\ \hline \end{array}$$
$$\begin{array}{r} 17 \\ +35 \\ \hline \end{array}$$
$$\begin{array}{r} 86 \\ +60 \\ \hline \end{array}$$

$$\begin{array}{r} 23 \\ +65 \\ \hline \end{array}$$
$$\begin{array}{r} 38 \\ +21 \\ \hline \end{array}$$
$$\begin{array}{r} 63 \\ +14 \\ \hline \end{array}$$
$$\begin{array}{r} 70 \\ +32 \\ \hline \end{array}$$
$$\begin{array}{r} 85 \\ +45 \\ \hline \end{array}$$
$$\begin{array}{r} 25 \\ +74 \\ \hline \end{array}$$

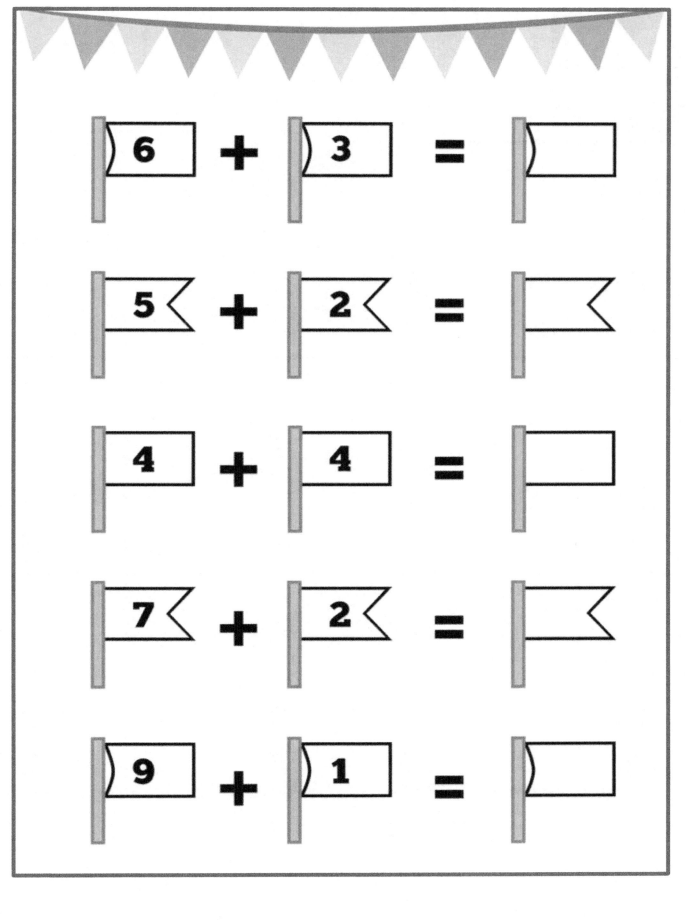

NAME: . . . .

Age: . . . .

Time: . . . .

🍓 + 🍓 = ...

$$\begin{array}{r} 6 \\ -\ 3 \\ \hline \end{array} \quad \begin{array}{r} 5 \\ -\ 1 \\ \hline \end{array} \quad \begin{array}{r} 9 \\ -\ 2 \\ \hline \end{array} \quad \begin{array}{r} 8 \\ -\ 4 \\ \hline \end{array} \quad \begin{array}{r} 5 \\ -\ 3 \\ \hline \end{array} \quad \begin{array}{r} 9 \\ -\ 3 \\ \hline \end{array}$$

$$\begin{array}{r} 6 \\ -\ 4 \\ \hline \end{array} \quad \begin{array}{r} 8 \\ -\ 2 \\ \hline \end{array} \quad \begin{array}{r} 4 \\ -\ 4 \\ \hline \end{array} \quad \begin{array}{r} 3 \\ -\ 2 \\ \hline \end{array} \quad \begin{array}{r} 7 \\ -\ 1 \\ \hline \end{array} \quad \begin{array}{r} 6 \\ -\ 5 \\ \hline \end{array}$$

$$\begin{array}{r} 9 \\ -\ 8 \\ \hline \end{array} \quad \begin{array}{r} 4 \\ -\ 0 \\ \hline \end{array} \quad \begin{array}{r} 5 \\ -\ 2 \\ \hline \end{array} \quad \begin{array}{r} 6 \\ -\ 5 \\ \hline \end{array} \quad \begin{array}{r} 8 \\ -\ 5 \\ \hline \end{array} \quad \begin{array}{r} 3 \\ -\ 1 \\ \hline \end{array}$$

NAME: . . . .

Age: . . . .

Time: . . . .

🍓 + 🍓 = ...

4	6	8	7	9	2
- 2	- 2	- 7	- 5	- 9	- 1

3	4	8	7	6	5
- 3	- 0	- 6	- 3	- 4	- 2

- 9	- 4	- 7	- 6	- 9	- 5
4	4	2	1	4	4

2 🌸🌸 + 1 🌸 = 〰️

3 🌸🌸🌸 + 2 🌸🌸 = 〰️

2 🌸🌸 + 2 🌸🌸 = 〰️

1 🌸 + 3 🌸🌸🌸 = 〰️

2 🌸🌸 + 3 🌸🌸🌸 = 〰️

NAME: . . . .

Age: . . . .

Time: . . . .

🍓 + 🍓 = ...

- 17	- 54	- 36	- 92	- 39	- 74
15	42	28	10	18	52

- 27	- 54	- 41	- 85	- 34	- 72
15	46	36	29	11	23

- 56	- 21	- 11	- 50	- 30	- 9
02	20	03	41	13	5

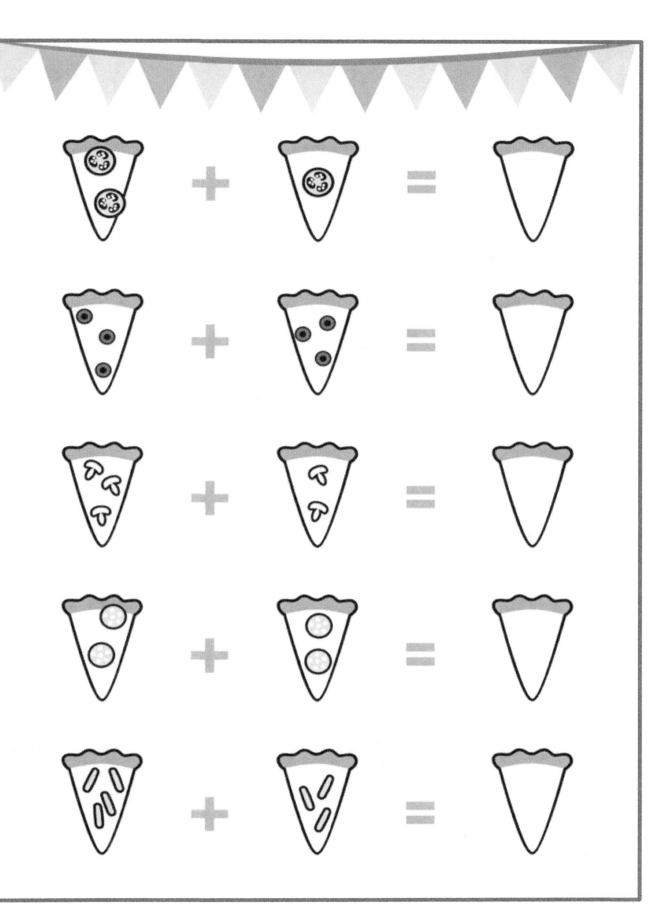

NAME: . . . .

Age: . . . .

Time: . . . .

🍓 + 🍓 = ...

17	21	25	25	14	12
- 22	- 11	- 03	- 63	- 67	- 32

- 24	- 45	- 90	- 39	- 80	- 65
23	36	24	33	38	32

-65	-47	-78	-41	- 68	-65
25	20	15	40	19	02

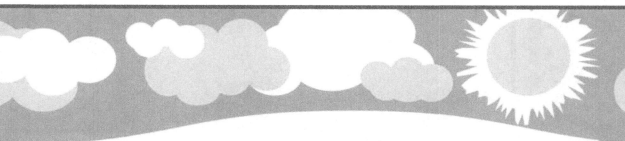

NAME: . . . .

Age: . . . .

Time: . . . .

🍓 + 🍓 = ...

```
  74      22      63      65      77      47
- 58    - 11    - 52    - 32    - 35    - 32
-----   -----   -----   -----   -----   -----
```

```
  41      11      80      25      33      50
- 22    - 10    - 24    - 24    - 19    - 49
-----   -----   -----   -----   -----   -----
```

```
- 28    - 72    - 84    - 87    - 53    - 65
  25      41      65      22      39      52
-----   -----   -----   -----   -----   -----
```

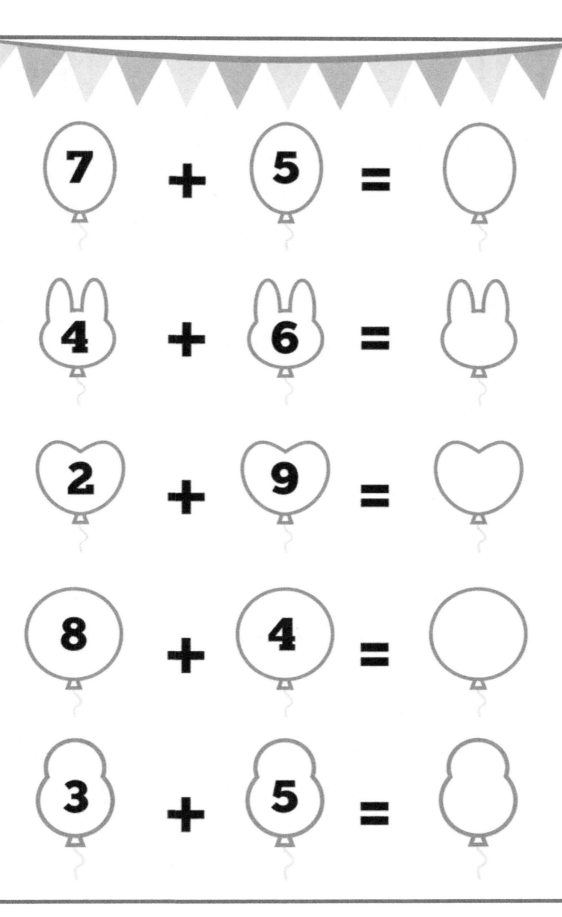

NAME: . . . .

Age: . . . .

Time: . . . .

🍓 + 🍓 = ...

```
  85        50        93        78        14        58
- 65      - 36      - 47      - 52      - 08      - 32
```

```
  18        52        33        74        48        94
- 02      - 25      - 21      - 26      - 36      - 41
```

```
- 21      - 54      - 82      - 47      - 91      - 54
  05        21        37        28        36        32
```

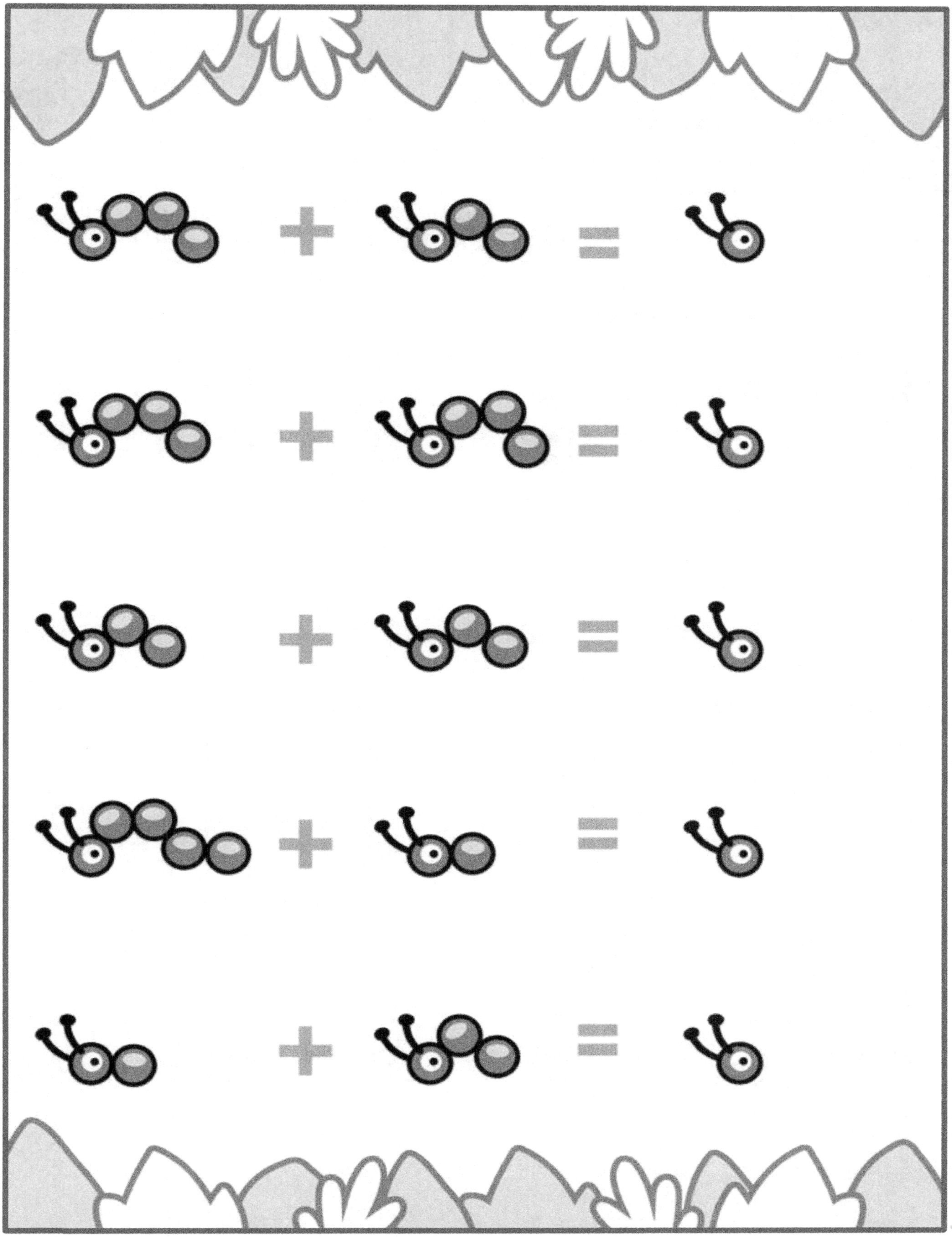

Time: . . . .

| 53 | 54 | 58 | 37 | 53 | 41 |
-16	-17	-32	-39	-02	-30

| -25 | -44 | -63 | -82 | -31 | -47 |
22	80	44	14	31	54

| -54 | -51 | -34 | -01 | -74 | -52 |
61	05	52	31	54	36

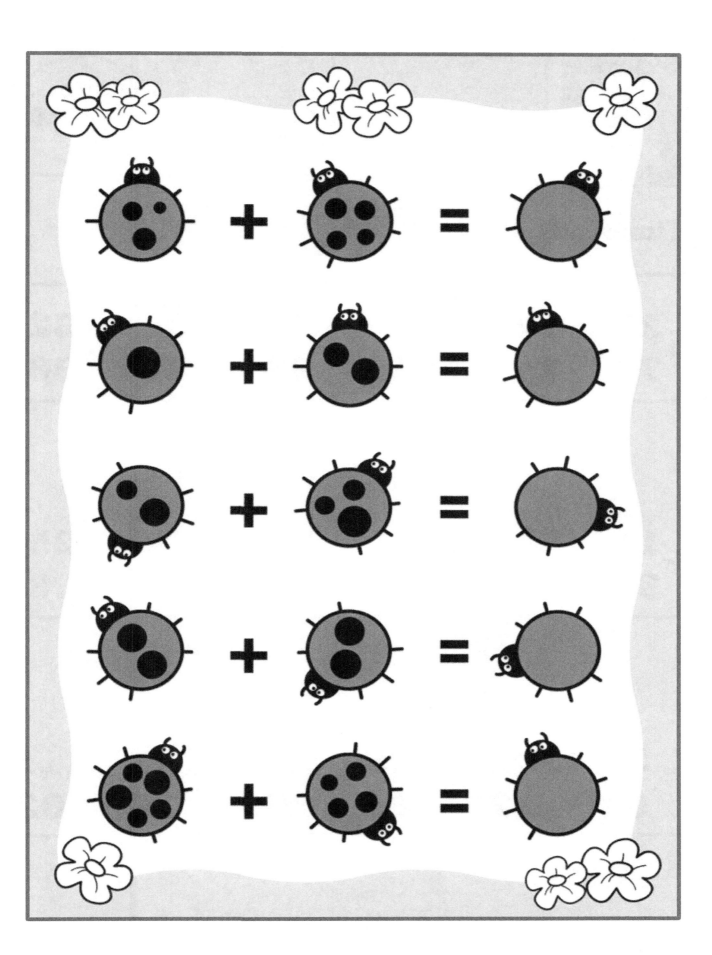

NAME: . . . .

Age: . . . .

score...... /18

Time: . . . .

🍓 + 🍓 = ...

37	14	65	25	39	32
- 70	- 24	- 11	- 36	- 50	- 36

. 11	. 51	. 14	. 62	. 74	. 25
33	02	24	22	41	36

. 52	. 02	. 35	. 36	. 41	. 11
92	12	25	52	30	02

6 + 3 =

7 − 2 =

5 + 1 =

9 − 7 =

3 + 2 =

NAME: . . . .

Age: . . . .

Time: . . . .

🍓 **+** 🍓 **=** . . . . . .

| . 65 | . 58 | . 28 | . 27 | . 54 | . 65 |
51	28	68	25	65	20

| . 28 | . 30 | . 92 | . 42 | . 37 | . 14 |
24	02	81	50	36	31

| - 28 | - 38 | - 41 | - 72 | - 58 | - 24 |
21	74	62	84	11	18

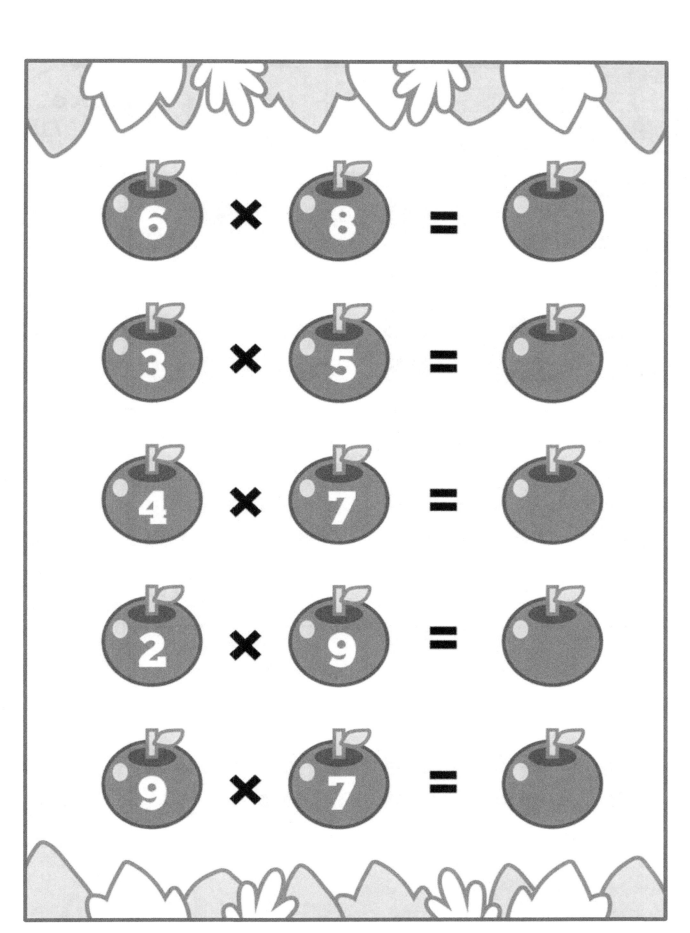

NAME: . . . .

Age: . . . .

score......
/18

Time: . . . .

🍓 + 🍓 = ...

41	54	36	51	23	42
− 38	− 25	− 25	− 03	− 11	− 02

45	71	65	26	10	69
− 25	− 45	− 14	− 96	− 30	− 25

− 24	− 03	− 74	− 42	− 21	− 36
25	25	10	25	25	95

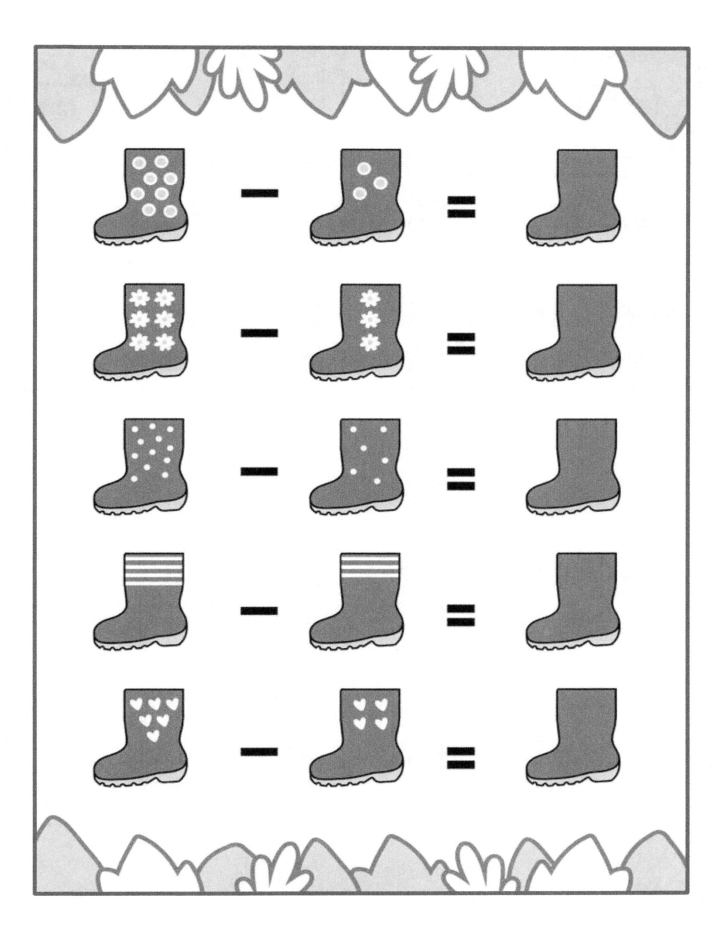

DAY 31

NAME: . . . .

Age: . . . .

Time: . . . .

 +  = ...

```
   44        36        74        52        25        32
-  24     -  25     -  30     -  36     -  93     -  21
```

```
   22        17        47        12        02        65
   36        23        32        65        36        21
```

```
   21        69        47        54        41        41
   32        87        14        25        98        20
```

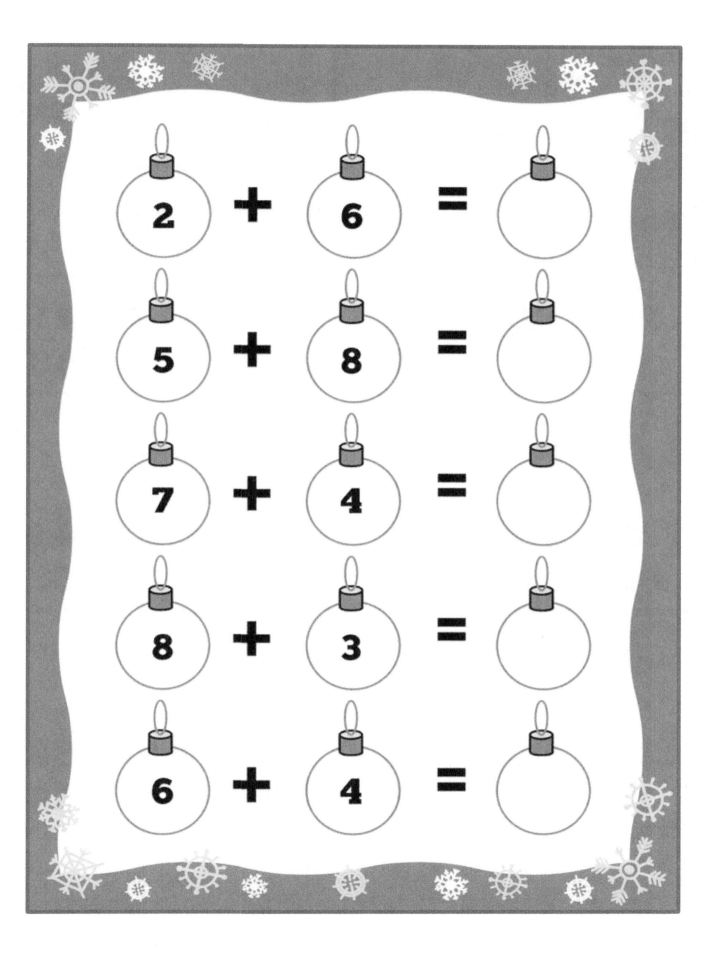

DAY 32

NAME: . . . .

Age: . . . .

Time: . . . .

🍓 + 🍓 = ...

22	31	74	63	41	41
- 33	- 57	- 25	- 12	- 50	- 40

- 32	- 70	- 92	- 70	- 50	- 41
02	16	30	32	32	52

- 32	- 11	- 75	- 19	- 54	- 52
32	37	26	25	41	36

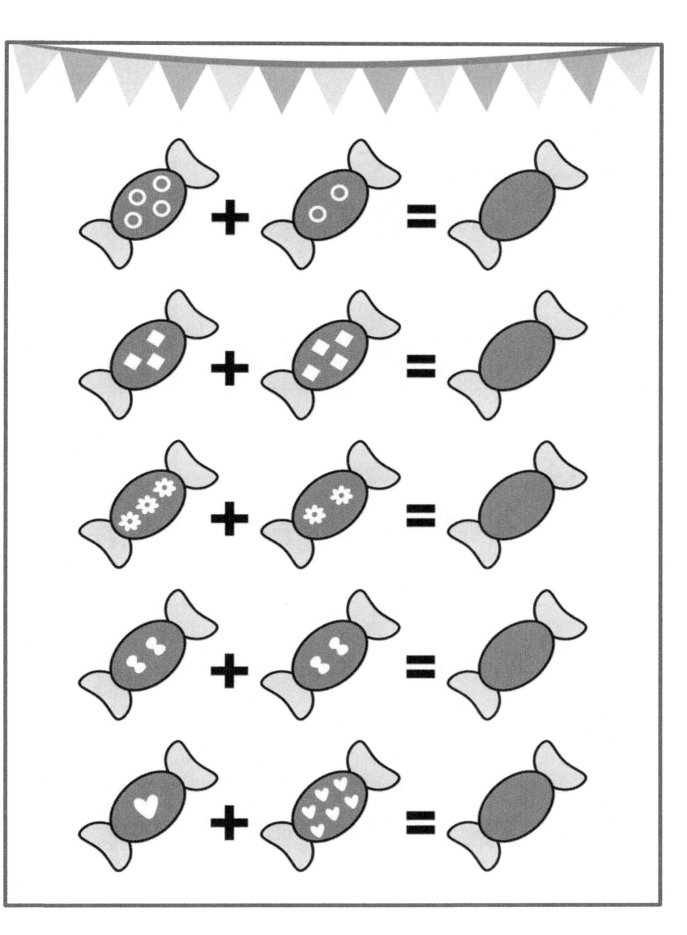

NAME: . . . .

Age: . . . .

Time: . . . .

 +  = ...

70	25	84	25	14	28
- 39	- 14	- 63	- 62	- 11	- 36

- 32	- 29	- 50	- 54	- 74	- 60
21	03	22	36	60	52

- 52	- 44	- 91	- 37	- 14	- 17
36	33	31	44	77	69

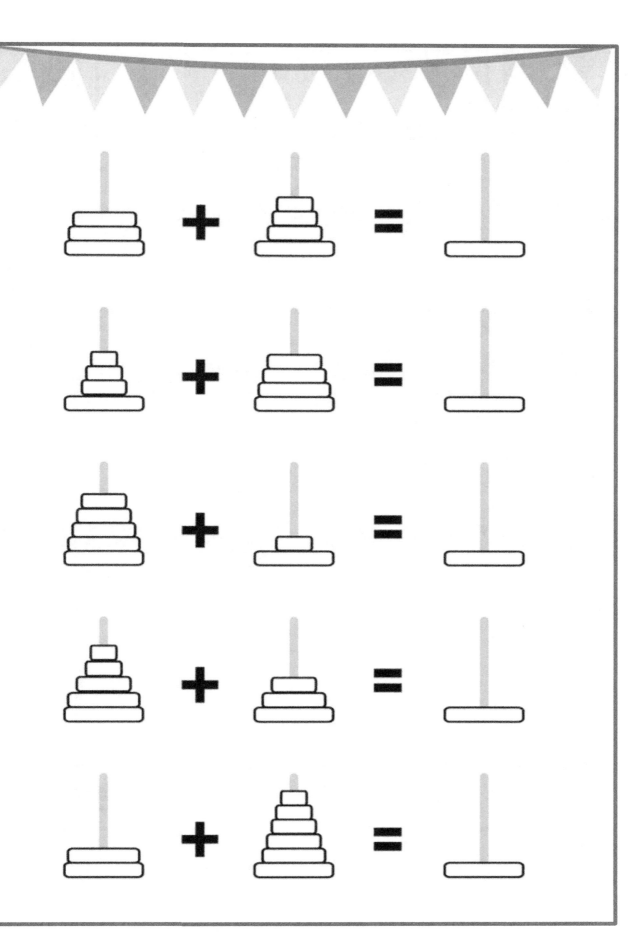

NAME: . . . .

Age: . . . .

score...... /18

Time: . . . .

🍓 + 🍓 = ...

61	51	57	41	40	60
- 18	- 36	- 11	- 64	- 50	- 40

- 32	- 46	- 52	- 65	- 71	- 54
23	14	33	32	25	35

. 45	. 25	. 11	. 32	. 41	. 5
11	02	20	33	55	9

NAME: . . . .

Age: . . . .

Time: . . . .

🍓 + 🍓 = ...

60	31	73	41	45	65
- 53	- 52	- 90	- 32	- 14	- 09

- 41	- 52	- 25	- 52	- 74	- 50
21	74	54	23	91	20

- 25	- 47	- 76	- 54	- 58	- 14
12	08	14	19	28	37

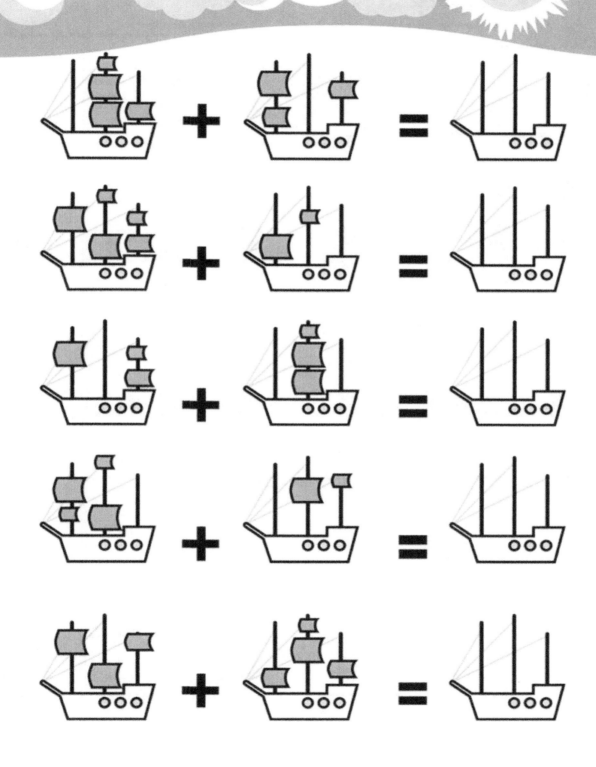

NAME: . . . .

Age: . . . .

Time: . . . .

🍓 + 🍓 = ...

73	47	47	84	52	49
- 21	- 25	- 36	- 63	- 36	- 32

- 58	- 46	- 15	- 85	- 52	- 47
25	45	36	17	68	36

- 58	- 69	- 54	- 75	- 41	- 64
28	34	19	46	03	57

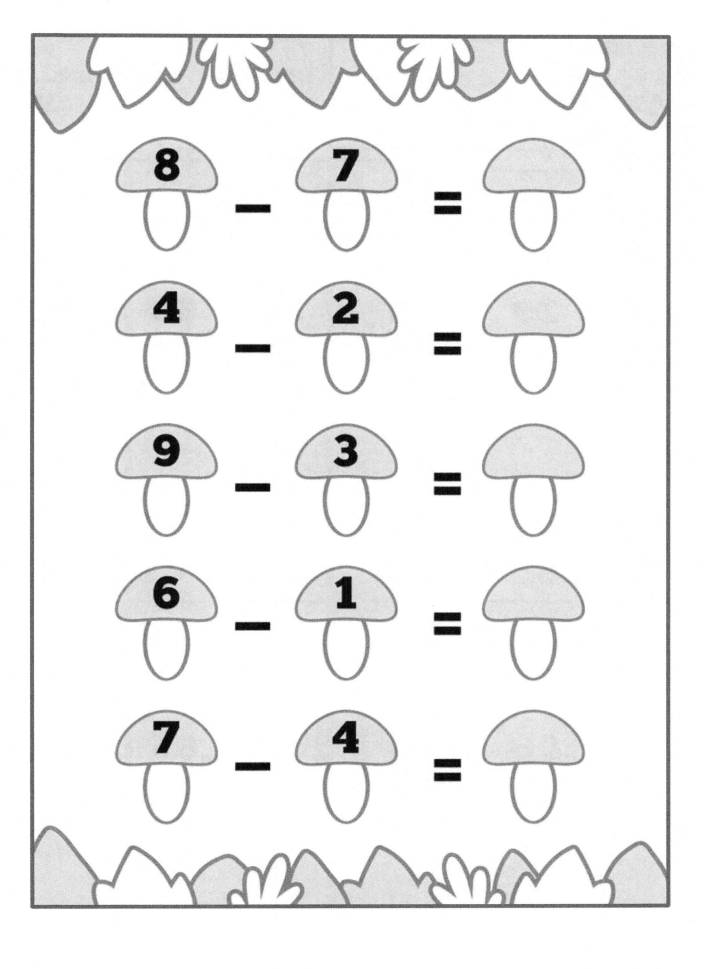

8 − 7 =

4 − 2 =

9 − 3 =

6 − 1 =

7 − 4 =

NAME: . . . .

Age: . . . .

Time: . . . .

🍓 + 🍓 = ...

24	39	49	71	54	62
- 38	- 77	- 60	- 69	- 31	- 25

- 61	- 65	- 74	- 78	- 47	- 91
38	85	01	25	41	36

- 61	- 06	- 84	- 62	- 65	- 36
05	15	40	05	58	62

NAME: . . . .

Age: . . . .

Time: . . . .

🍓 + 🍓 = ...

- 30	- 25	- 32	- 94	- 80	- 61
50	12	54	25	12	32

- 24	- 39	- 58	- 58	- 91	- 81
28	30	74	18	35	36

- 28	- 25	- 36	- 48	- 78	- 31
14	41	37	56	27	36

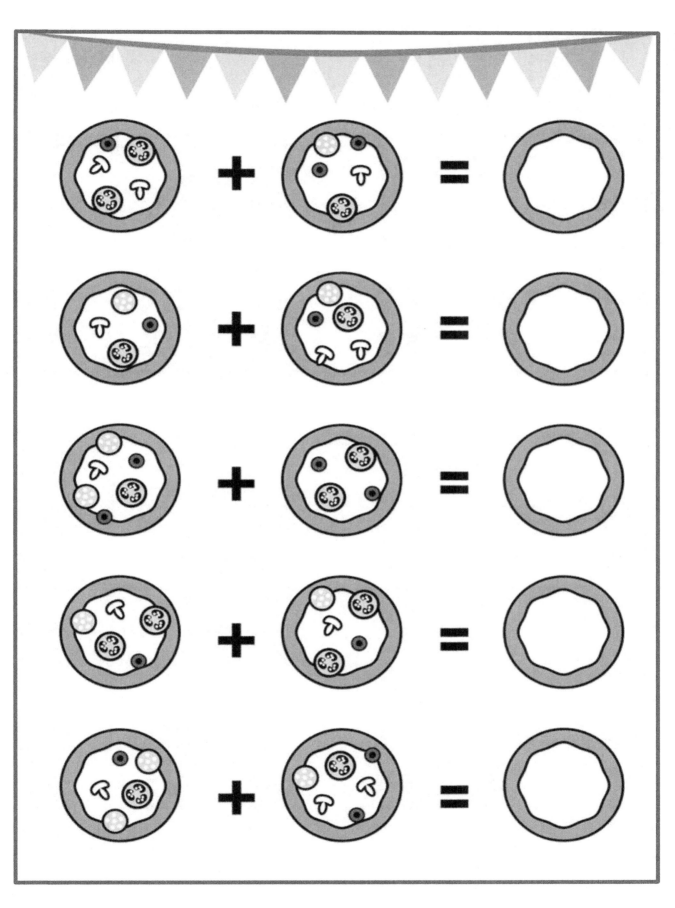

NAME: . . . .

Age: . . . .

Time: . . . .

 + = ...

```
  11      28      79      58      36      58
- 41    - 58    - 58    - 25    - 71    - 02
```

```
  54      47      05      87      14      28
- 14    - 51    - 08    - 27    - 38    - 36
```

```
- 24    - 58    - 21    - 47    - 81    - 25
  25      18      28      39      28      45
```

NAME: . . . .

Age: . . . .

Time: . . . .

🍓 + 🍓 = ...

93	54	63	31	38	39
- 25	- 25	- 24	- 71	- 12	- 27

- 62	- 25	- 54	- 58	- 24	- 51
76	23	25	81	24	41

- 65	- 54	- 84	- 25	- 64	- 35
20	41	54	29	82	27

Printed in Great Britain
by Amazon